Tania Laura Barra Quispe
David Eleazar Barra Quispe
Paola Katherin Mantilla Cruz

VALOR NUTRICIONAL DA COMIDA DE RUA

Tania Laura Barra Quispe
David Eleazar Barra Quispe
Paola Katherin Mantilla Cruz

VALOR NUTRICIONAL DA COMIDA DE RUA

INGESTÃO DE CALORIAS E DOSAGEM

ScienciaScripts

Imprint

Any brand names and product names mentioned in this book are subject to trademark, brand or patent protection and are trademarks or registered trademarks of their respective holders. The use of brand names, product names, common names, trade names, product descriptions etc. even without a particular marking in this work is in no way to be construed to mean that such names may be regarded as unrestricted in respect of trademark and brand protection legislation and could thus be used by anyone.

Cover image: www.ingimage.com

This book is a translation from the original published under ISBN 978-613-9-43341-4.

Publisher:
Sciencia Scripts
is a trademark of
Dodo Books Indian Ocean Ltd. and OmniScriptum S.R.L publishing group

120 High Road, East Finchley, London, N2 9ED, United Kingdom
Str. Armeneasca 28/1, office 1, Chisinau MD-2012, Republic of Moldova, Europe
Printed at: see last page
ISBN: 978-620-8-08905-4

ÍNDICE

CALORIAS DE SUMOS DE FRUTA ARTESANAIS A RETALHO

Tania Laura Barra Quispe

Universidade Nacional do Altiplano Puno

tanialbq@unap.edu.pe

Orcid: 0000-0003-1585-6314

950756197

Puno - Peru

David Eleazar Barra Quispe

Universidade Nacional do Altiplano Puno

debarra@unap.edu.pe

Orcid: 0000-0003-0596-3829

Puno - Peru

Paola Katherin Mantilla Cruz

Universidade Nacional do Altiplano

Orcid: 0000-0001-6996-5810

fabpaolamc7@gmail.com

Puno-Peru

RESUMO

A composição nutricional do sumo de fruta é um elemento-chave a considerar quando se analisa a sua influência na saúde humana. Esta bebida, feita a partir de fruta extraída e consumida como um líquido, contém nutrientes essenciais como vitaminas, minerais e antioxidantes. A composição nutricional do sumo de fruta varia consoante o tipo de fruta. O objetivo deste estudo foi determinar a ingestão calórica de sumos de fruta especiais vendidos aos consumidores na cidade de Puno. A investigação foi quantitativa, observacional, prospetiva, transversal e descritiva. Foram analisados 60 sumos especiais de 60 lojas de sumos localizadas em quatro mercados principais da cidade. Os ingredientes de cada sumo foram pesados com uma balança dietética, o que permitiu calcular a ingestão calórica e de macronutrientes. Este procedimento foi realizado duas vezes. Verificou-se que o teor médio de macronutrientes e quilocalorias de uma dose de 280 ml de sumo de fruta especial vendido nas 60 lojas de sumos dos quatro principais mercados da cidade de Puno, no Peru, era de 143,6 g de hidratos de carbono, 14,0 g de gordura, 20,6 g de proteínas e um total de 783 kcal por dose. Em conclusão, estes sumos são ricos em hidratos de carbono, principalmente hidratos de carbono simples, em comparação com os outros dois macronutrientes (gordura e proteína).

Palavras-chave: Consumo de calorias, Sumo de fruta artesanal, Macronutrientes

INTRODUÇÃO

É vital saber quantas calorias existem nos alimentos e bebidas que consumimos para saber como trabalhar no sentido de adotar hábitos alimentares saudáveis.(Naomi et al. 2021). Este conhecimento adquirido permite-nos fazer escolhas informadas sobre os alimentos que escolhemos para comer, especialmente numa altura em que a obesidade, juntamente com as patologias que lhe estão associadas, é uma questão social preocupante (Basu e Penugonda 2009).(Basu e Penugonda 2009). Neste contexto, é crucial investigar o conteúdo calórico do sumo de fruta, uma bebida muito comum que é comum e erroneamente considerada saudável(Scheffers et al. 2022).. Para além do prazer que o sumo de fruta nos pode proporcionar, tem algumas desvantagens às quais não devemos virar as costas. Durante a sua produção, podem perder-se nutrientes importantes, o que significa que certos nutrientes essenciais deixam de ser fornecidos ao organismo. Além disso, dado o estado atual do consumo de açúcar, o consumo excessivo de sumo de fruta pode levar à chamada obesidade, a complicações como a diabetes e a doenças cardíacas (Choo et al. 2018).(Choo et al. 2018). Hoje em dia, portanto, faz sentido estar ciente das calorias em nossos alimentos e bebidas(Rodriguez Delgado et al. 2017). Um olhar mais atento a este aspeto permitir-nos-á estar mais atentos à nossa ingestão de calorias e, ao mesmo tempo, fornecer-nos-á informações interessantes sobre os aspectos nutricionais do sumo de fruta(Ashraf et al. 2024). A partir da análise detalhada dos seus nutrientes, dos componentes específicos de que é feito, podemos fazer determinações ponderadas sobre se podemos ou não incorporar o consumo de sumo de fruta na nossa dieta(Naomi et al. 2021). O estudo das calorias do sumo de fruta, nas mãos do consumidor, fornece-lhe a informação necessária para compreender melhor as propriedades nutricionais do produto (Lee et al. 2022). (Lee et al. 2022). Este conhecimento não é apenas útil para aqueles que optam por substituir os seus hábitos alimentares por outros melhores, mas pode ajudar a reforçar as políticas públicas de controlo da comercialização de produtos alimentares, especialmente os destinados às crianças. Com medidas para limitar o consumo excessivo de energia e a promoção de alternativas mais nutritivas, podemos prever e prevenir doenças nas gerações futuras.(Basu e Penugonda 2009).

A importância do valor nutricional e energético dos sumos vendidos nas "lojas de sumos" não só é positiva para fazer escolhas alimentares, como também influencia a saúde pública e o desenvolvimento de políticas de regulação (Melo e Peraçoli 2007).(Melo e Peraçoli 2007).. Um conhecimento aprofundado do verdadeiro conteúdo energético dos sumos de fruta pode ajudar todos (todos os cidadãos) a fazer escolhas mais informadas e a promover, de forma mais ampla e colectiva, hábitos alimentares mais saudáveis para a população (Ashraf et al. 2024). (Ashraf et al. 2024).

METODOLOGIA

O presente estudo tem um carácter quantitativo, observacional, prospetivo, transversal e descritivo. Foram selecionadas 15 lojas de sumos em cada um dos principais mercados da cidade de Puno (4 mercados), num total de 60 lojas de sumos. Em cada estabelecimento foi comprada uma ração de sumo "especial", que é o mais solicitado pelos consumidores e cujo preço varia entre 7,00 s/. e 12,00s/. nuevos soles, dependendo de cada estabelecimento.

Antes do processamento, cada ingrediente do sumo especial foi ordenado, ou seja, um a um, em frascos herméticos especiais. Este facto permitiu pesá-los com a ajuda de uma balança dietética Soehnle. Desta forma, obtiveram-se os pesos líquidos utilizados nos sumos especiais de fruta vendidos pelas lojas de sumos dos quatro mercados. É importante notar que este procedimento foi efectuado duas vezes, a fim de se aproximar o mais possível da realidade.

Com base nos pesos líquidos obtidos, foi calculado o teor de macronutrientes e de quilocalorias utilizando o software Nutricalcs. Estes dados foram registados e analisados numa folha de cálculo Excel para obter médias de quilocalorias, hidratos de carbono, gorduras e proteínas para cada loja de sumos e banca de mercado. Estes resultados foram depois apresentados sob a forma de gráficos.

RESULTADOS

Foi identificado o conteúdo em macronutrientes e quilocalorias de uma dose de 280 ml de sumo de fruta especial vendido nas lojas de sumos dos quatro principais mercados da cidade de Puno, Peru. Como mostra a Figura 1, em média, o sumo especial das lojas de sumos localizadas no mercado principal 1 fornece 174,9 g de hidratos de carbono e 699,7 kcal deste macronutriente, seguido do mercado principal 2, cujo conteúdo é de 161,5 g de hidratos de carbono, equivalente a 646,1 kcal. Da mesma forma, em termos de ingestão de gordura, como mostra a figura 2, são novamente os mercados principais 1 e 2 cujas lojas de sumos oferecem o sumo especial com maior teor deste macronutriente, sendo 18,7 g (167,9 kcal) e 15,1 g (135 kcal) de gordura, respetivamente. Na mesma linha, em termos de consumo de proteínas (ver figura 3), estes dois mercados oferecem também o sumo especial de fruta com maior teor proteico, com o mercado principal 1 a fornecer 174,9 g (699 kcal) de proteínas e o mercado principal 2, 161,5 g (646,1 kcal) de proteínas. Finalmente, em média (ver figura 4), nas 60 lojas de sumos localizadas nos quatro principais mercados desta cidade, uma dose de sumo de fruta especial (280 ml), feito de papaia, banana, pera, maçã, ananás, leite, sumo de cenoura, ovo, maca, alfarroba, mel, pólen, frutos secos, cereais, cerveja e, em alguns casos, vinho, fornece uma média de 143.6 g de hidratos de carbono, principalmente hidratos de carbono simples, 14,0 g de gorduras, tanto de origem animal como vegetal, 20,6 g de proteínas, principalmente de origem vegetal e, em menor grau, de origem animal, e um total de 783 kcal de toda a preparação.

Por outro lado, a Figura 5 mostra que o mercado principal n.º 04 tem o custo médio mais elevado de sumos de fruta artesanais (10,00 s/.) e, ao mesmo tempo, tem o maior consumo calórico em comparação com as lojas de sumos do mercado n.º 01, cujo preço médio é de 8,00 s/. e cujo consumo calórico é o mais baixo. No entanto, o mercado N°03 tem o custo mais baixo, sendo o segundo na ordem de maior contribuição calórica.

A Tabela N°01 mostra a variabilidade do conteúdo nutricional e do preço dos sumos de fruta artesanais em diferentes mercados, indicando valores mínimos e máximos para cada parâmetro. O Mercado Principal 01 tem a maior variabilidade em todos os aspectos, enquanto o Mercado Principal 02 tem valores fixos para o preço e menor variabilidade no conteúdo de macronutrientes e calorias.

Figura 1: Teor de hidratos de carbono dos sumos de fruta especiais vendidos aos consumidores de Puneño.

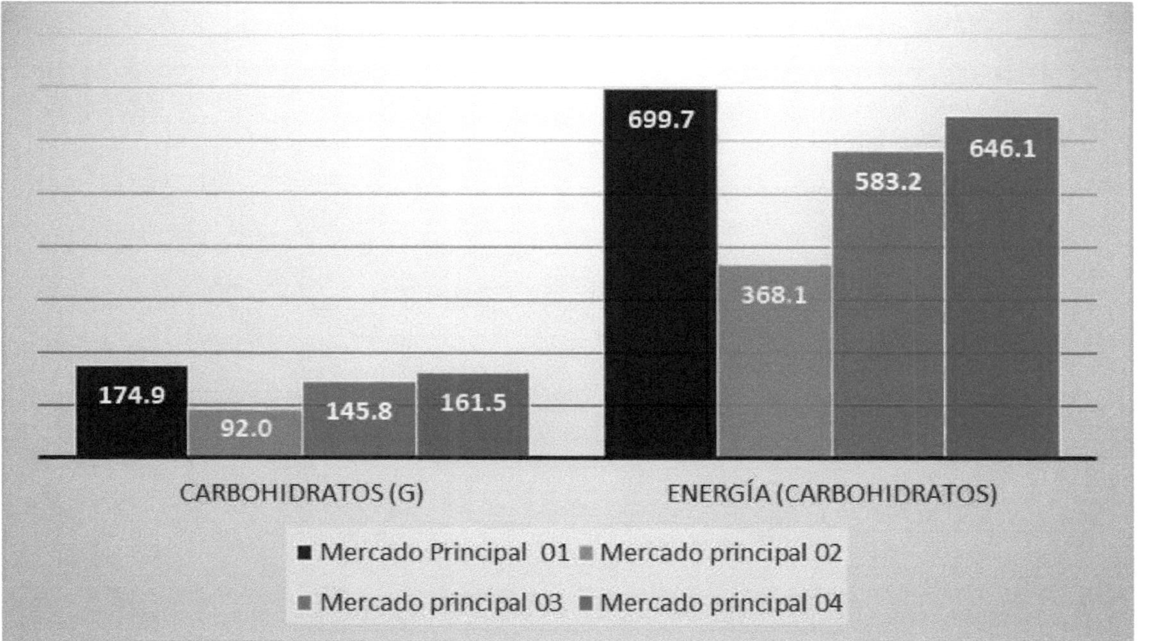

Figura 2. Teor de gordura dos sumos de fruta especiais vendidos aos consumidores de Puneño.

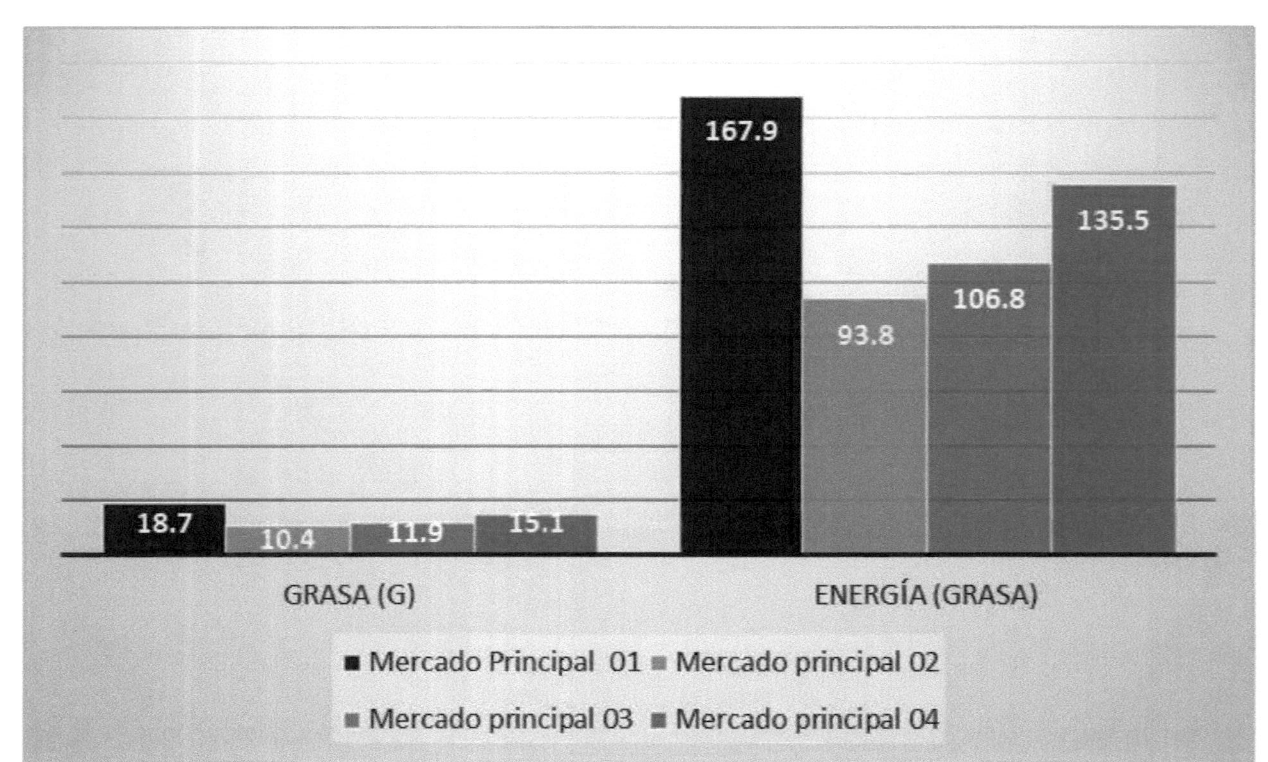

Figura 3. *Teor proteico dos sumos de frutos especiais vendidos aos consumidores de Puneño.*

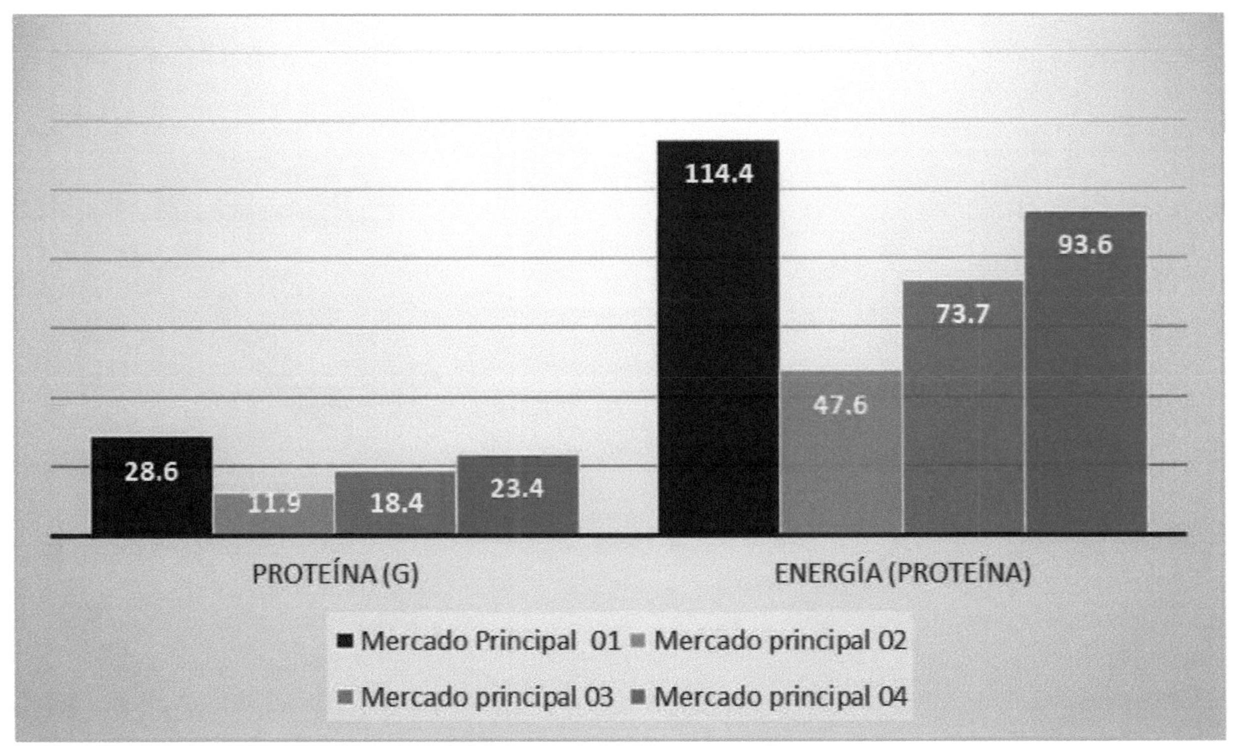

Figura 4. *Teor médio de macronutrientes dos sumos de frutos especiais vendidos aos consumidores de Puneño.*

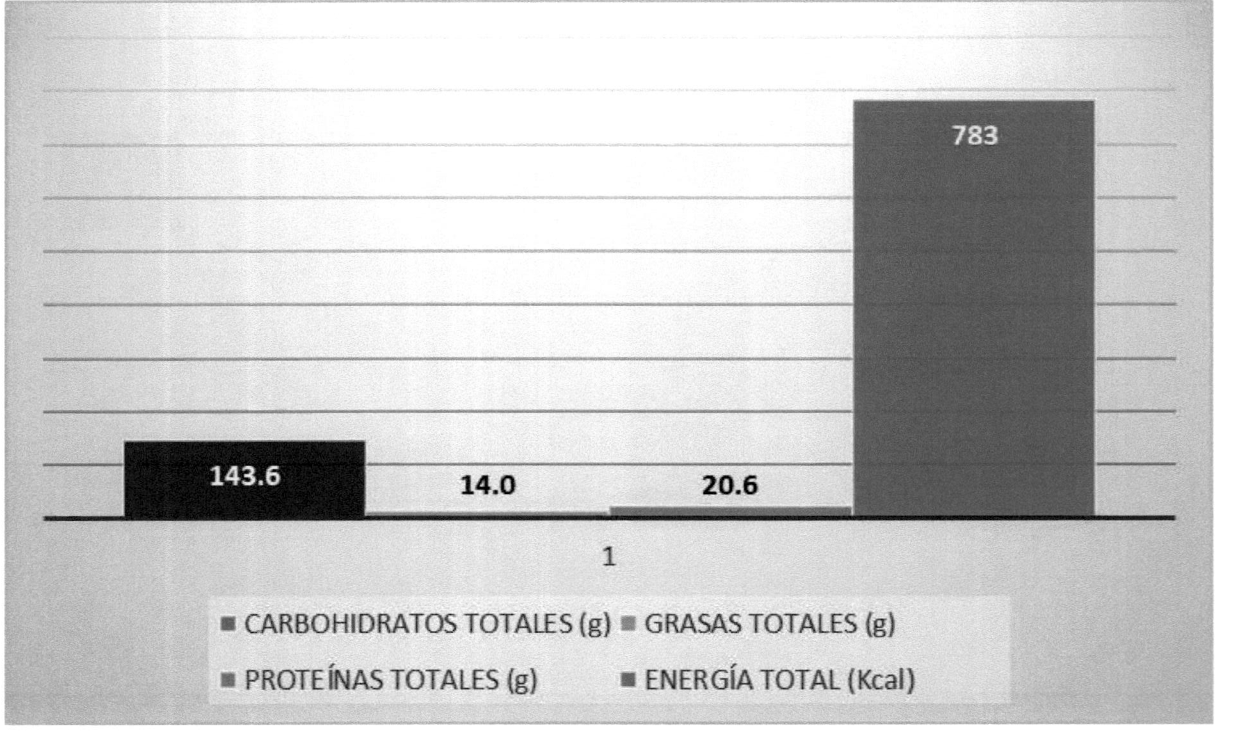

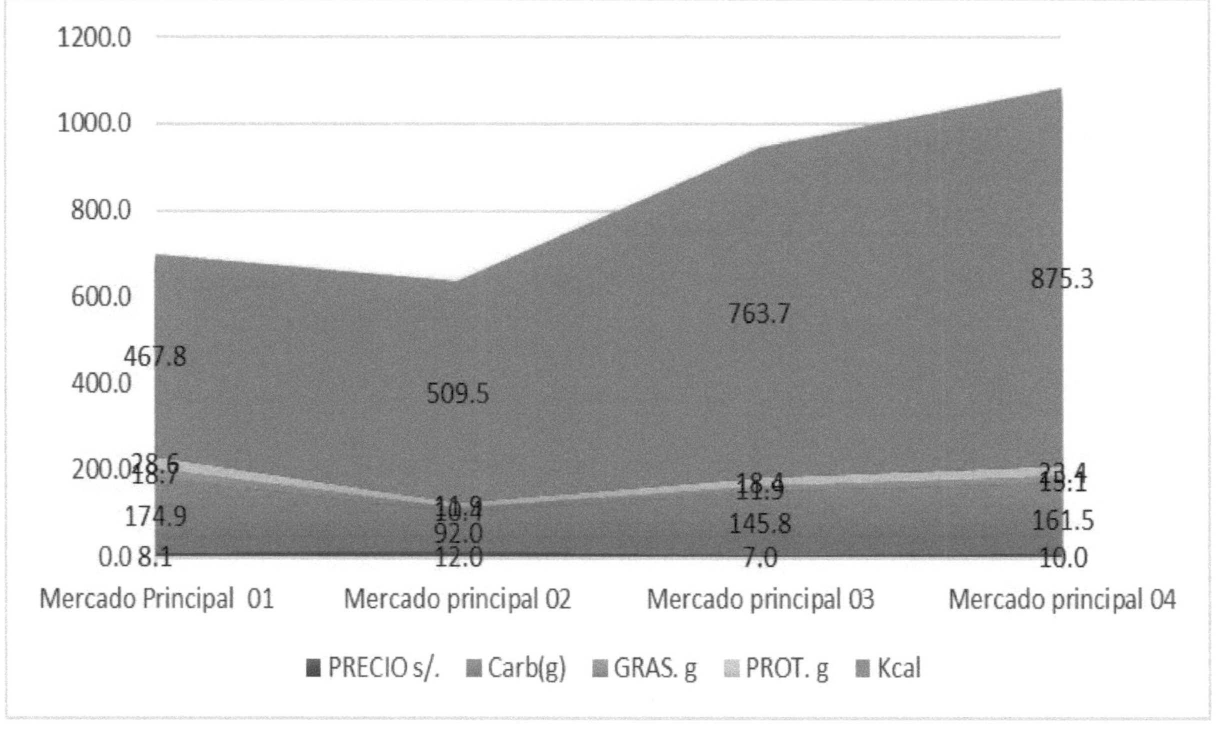

Figura 5. *Custo médio e teor de macronutrientes e calorias totais no sumo de fruta especial para consumidores de Puno.*

Tabela 1. Ingestão mínima e máxima de macronutrientes e calorias no sumo de fruta da especialidade do consumidor de Puno

MERCADO		PREÇO s/.	CARB. g	GRAS. g	PROT. g	Kcal
Mercado principal 01	min		80.93	10.6	12.16	106.87
	máximo		492.18	28.48	51.78	557.31
Mercado principal 02	min		81.81	6.28	9.46	98.53
	máximo		132.98	17.53	14.81	150.61
Mercado principal 03	min		109.62	8.33	10.05	143.18
	máximo		228.26	15.38	27.25	263.84
Mercado principal 04	min	10	135.75	7.12	19.32	162.19
	máximo	10	207.81	24.133	30.193	262.136

DISCUSSÃO

Nos últimos anos, o consumo de sumos de fruta sofreu um aumento considerável, uma vez que pode ter um impacto importante na saúde humana.(Tojo Sierra 2003). A rapidez com que vivemos a nossa rotina diária e com que normalmente tomamos o pequeno-almoço, uma vez que temos de chegar a horas ao trabalho, à universidade ou à escola, favorece um pequeno-almoço por vezes rápido e sem apetite(Choo et al. 2018). A crença popular de que saltar o pequeno-almoço é prejudicial para a saúde, uma vez que é a refeição mais importante do dia, faz-nos optar por consumir sumo de fruta como uma opção rápida. No entanto, esta opção nem sempre é a mais saudável(J. Yu et al. 2023)Os sumos de fruta podem ser muito açucarados e são muitas vezes acompanhados de produtos como manteiga, margarina, compota, mortadela, etc., que aumentam o seu teor calórico e reduzem assim o seu valor nutricional. De facto, se parece que o sumo de fruta e o pão com acompanhamentos são produtos energéticos para o pequeno-almoço, na realidade o que têm em comum é o facto de serem constituídos principalmente por hidratos de carbono simples(Scheffers et al. 2022).. As recomendações de saúde pública indicam que os açúcares livres, para além dos presentes nos próprios alimentos e bebidas, não devem exceder 10% da ingestão diária de calorias. De facto, para um melhor desempenho em termos de saúde, é geralmente aconselhado não exceder 5% da ingestão diária de açúcares livres(Morales-Cahuancama et al. 2022)..

No presente estudo, é possível ver como os sumos de fruta caseiros vendidos nas lojas de sumos da cidade de Puno têm uma elevada contribuição em quilocalorias, sendo os hidratos de carbono simples o maior componente (143,6 g), o que excede a quantidade de hidratos de carbono necessária para o pequeno-almoço, considerando 25% do total, com uma distribuição igual de 2000 kcal. Se o hábito de beber estes sumos se instalasse entre os habitantes de Puno, poderia ser prejudicial para a sua saúde, aumentando o risco de acumulação de gordura no fígado, uma patologia conhecida como doença hepática gorda não alcoólica (B. Yu et al. 20).(B. Yu et al. 2023)..

A ocorrência crescente de doença hepática gordurosa na população levou a um interesse crescente em elucidar se existe uma ligação entre a ingestão de sumos de fruta e a origem desta doença.(Naomi et al. 2022). A doença hepática gordurosa tem vindo a ganhar importância a nível mundial como um importante problema de saúde pública, tendo-se intensificado a investigação sobre o possível papel da ingestão de sumos de fruta no desenvolvimento desta doença (J. Yu et al. 2022).(J. Yu et al. 2023)..

Para compreender o impacto do consumo de sumos de fruta na saúde, é necessário analisar o contexto do consumo de sumos de fruta, considerando a dieta geral seguida, com a influência da publicidade e do marketing.(Liu et al. 2023). As implicações gerais da ingestão de sumo de fruta na dieta geral e os resultados de saúde que pode ter precisam de ser considerados para tomar uma decisão informada sobre a adequação da ingestão de sumo de fruta (Jardí et al. 2019).(Jardí et al. 2019).

CONCLUSÃO

Os resultados deste estudo concluem que um copo de cerca de 280 ml de sumo de fruta artesanal "especial", feito principalmente com papaia, banana, pera, maçã, ananás, leite, sumo de cenoura, ovo, maca, alfarroba, mel, pólen, frutos secos, 7 cereais, cerveja e vinho, vendido nas 60 lojas de sumos dos 4 principais mercados da cidade de Puno, fornece uma média de 783 kcal. Destas, 73% provêm de hidratos de carbono simples, 16% de gorduras e 10% de proteínas.

REFERÊNCIAS

Ashraf, R., A. M. Duncan, G. Darlington, A. C. Buchholz, J. Haines, D. W. L. Ma, e Guelph Family Health Study the. 2024. "O grau de processamento dos alimentos contribui para a ingestão de açúcar em famílias com crianças em idade pré-escolar". *Nutrição Clínica ESPEN* 59: 37-47. doi: 10.1016 / j.clnesp.2023.11.010.

Basu, Arpita, e Kavitha Penugonda. 2009. "Sumo de romã: um sumo de fruta saudável para o coração". *Nutrition Reviews* 67(1):49-56. doi: 10.1111/j.1753-4887.2008.00133.x.

Choo, Vivian L., Effie Viguiliouk, Sonia Blanco Mejia, Adrian I. Cozma, Tauseef A. Khan, Vanessa Ha, Thomas M. S. Wolever, Lawrence A. Leiter, Vladimir Vuksan, Cyril W. C. Kendall, Russell J. de Souza, David J. A. Jenkins e John L. Sievenpiper. 2018. "Fontes alimentares de açúcares contendo frutose e controle glicêmico: revisão sistemática e meta-análise de estudos de intervenção controlados". *BMJ (Clinical Research Ed.)* 363:k4644. doi: 10.1136/bmj.k4644.

Jardí, Cristina, Núria Aranda, Cristina Bedmar, Blanca Ribot, Irene Elias, Estefania Aparicio e Victoria Arija. 2019. "Ingestão de açúcares livres e excesso de peso em idades precoces. Estudo longitudinal". *Anales de Pediatría* 90(3):165-72. doi: 10.1016/j.anpedi.2018.03.018.

Lee, Danielle, Laura Chiavaroli, Sabrina Ayoub-Charette, Tauseef A. Khan, Andreea Zurbau, Fei Au-Yeung, Annette Cheung, Qi Liu, Xinye Qi, Amna Ahmed, Vivian L. Choo, Sonia Blanco Mejia, Vasanti S. Malik, Ahmed El-Sohemy, Russell J. de Souza, Thomas M. S. Wolever, Lawrence A. Leiter, Cyril W. C. Kendall, David J. A.

Jenkins e John L. Sievenpiper. Leiter, Cyril W. C. Kendall, David J. A. Jenkins e John L. Sievenpiper. 2022. "Fontes alimentares importantes de açúcares contendo frutose e doença hepática gordurosa não alcoólica: uma revisão sistemática e meta-análise de ensaios controlados." *Nutrientes* 14(14):2846. doi: 10.3390/nu14142846.

Liu, Q., L. Chiavaroli, S. Ayoub-Charette, A. Ahmed, T. A. Khan, F. Au-Yeung, D. Lee, A. Cheung, A. Zurbau, V. L. Choo, S. B. Mejia, R. J. de Souza, T. M. S. Wolever, L. A. Leiter, C. W. C. Kendall, D. J. A. Jenkins e J. L. Sievenpiper. 2023. "Fontes de alimentos que contêm frutose e pressão arterial: uma revisão sistemática e meta-análise de ensaios de alimentação controlados." *PLoS ONE* 18 (8 de agosto). doi: 10.1371/journal.pone.0264802.

Melo, Célia Regina Maganha e, e José Carlos Peraçoli. 2007. "Mensuração da energia despendida na fasting e ao inporte calórico (MIEL) em parturientas". *Revista Latino-Americana de Enfermagem* 15:612-17. doi: 10.1590/S0104-11692007000400014.

Morales-Cahuancama, Bladimir, Gandy Dolores-Maldonado, Paul Hinojosa-Mamani, William Bautista-Olortegui, Cinthia Quispe-Gala, Lucio Huamán-Espino e Juan Pablo Aparco. 2022. "Análise da distribuição de macronutrientes em cestas de alimentos entregues pelos municípios durante a pandemia COVID-19 no Peru". *Revista Peruana de Medicina Experimental e Saúde Pública* 39: 6-14. doi: 10.17843 / rpmesp.2022.391.9742.

Naomi, Novita, Elske Brouwer-Brolsma, Marion Buso, Sabita Soedamah-Muthu, Johanna Geleijnse, Anne Raben, Jo Harrold, Jason Halford e Edith Feskens. 2021. "Bebidas adoçadas com açúcar, suco de frutas e bebidas de baixa caloria e risco de mortalidade por todas as causas entre adultos holandeses: o estudo de coorte Lifelines dentro do projeto SWEET." *Desenvolvimentos actuais em nutrição* 5:1066. doi: 10.1093/cdn/nzab053_059.

Naomi, Novita, Joy Ngo, Elske M. Brouwer-Brolsma, Marion E. C. Buso, Sabita S. Soedamah-Muthu, Carmen Pérez-Rodrigo, Anne Raben, Joanne A. Harrold, Jason C. G. Halford, Lluis Serra-Majem, Johanna M. Geleijnse e Edith J. M. Feskens. 2022. "Associação de bebidas adoçadas com açúcar, bebidas de baixa caloria / sem calorias e ingestão de suco de frutas com doença hepática gordurosa não alcoólica: o projeto SWEET". *Desenvolvimentos atuais em nutrição* 6: 934. doi: 10.1093 / cdn / nzac067.054.

Rodríguez Delgado, J., M. S. Hoyos Vázquez, J. Rodríguez Delgado, e M. S. Hoyos Vázquez. 2017. "Os sumos de fruta e o seu papel na alimentação das crianças: devemos considerá-los como mais uma bebida açucarada? Posicionamento do Grupo de Gastroenterologia e Nutrição da AEPap". *Pediatría Atención Primaria* 19(75):103-16.

Scheffers, Floor R., Jolanda M. A. Boer, Ulrike Gehring, Gerard H. Koppelman, Judith Vonk, Henriëtte A. Smit, W. M. Monique Verschuren, e Alet H. Wijga. 2022. "A associação de suco de frutas puro, bebidas adoçadas com açúcar e consumo de frutas com prevalência de asma em adolescentes que crescem de 11 a 20 anos: O estudo de coorte de nascimento PIAMA". *Relatórios de Medicina Preventiva* 28:101877. doi: 10.1016/j.pmedr.2022.101877.

Tojo Sierra, R. 2003. "Consumo de sumos e bebidas de fruta por crianças e adolescentes espanhóis: implicações para a saúde do seu mau uso e abuso. *Anales de Pediatría* 58(6):584-93. doi: 10.1016/S1695-4033(03)78126-0.

Yu, Bowei, Ying Sun, Yuying Wang, Bin Wang, Xiao Tan, Yingli Lu, Kun Zhang e Ningjian Wang. 2023. "Associações de bebidas adoçadas artificialmente, bebidas adoçadas com açúcar e suco puro de frutas / vegetais com massa de tecido adiposo visceral". *Diabetes e Síndrome Metabólica: Pesquisa Clínica e Revisões* 17 (10): 102871. doi: 10.1016 / j.dsx.2023.102871.

Yu, J., A. Mahajan, G. Darlington, A. C. Buchholz, A. M. Duncan, J. Haines, D. W. L. Ma, e Family Health Study Guelph. 2023. "Ingestão de açúcar livre de lanches e bebidas em crianças canadenses em idade pré-escolar e infantil: um estudo transversal." *BMC Nutrition* 9(1). doi: 10.1186/s40795-023-00702-3.

QUANTIDADE DE INGREDIENTES DOSEADOS NOS MENUS VENDIDOS NOS RESTAURANTES DA CIDADE DE PUNO

Tania Laura Barra Quispe[1]

tanialbq@unap.edu.pe

https://orcid.org/0000-0003-1585-6314

Universidade Nacional do Altiplano

Peru

David Eleazar Barra Quispe[2]

debarra@unap.edu.pe

https://orcid.org/0000-0003-0596-3829

Universidade Nacional do Altiplano

Peru

Diamilet Rojas Mamani[3]

diamiletrojas@gmail.com

https://orcid.org/0009-0001-4474-9115

Universidade Nacional do Altiplano

Peru

[4]Juan Reynaldo Pardes Quispe

jparedes@unap.edu.pe

https://orcid.org/0000-0002-3847-0554

Universidade Nacional do Altiplano

Peru

RESUMO

A dosagem dos ingredientes na preparação dos alimentos é um fator fundamental para a obtenção de resultados satisfatórios. Garantir a proporção correta de cada ingrediente contribui para a qualidade do prato final. No entanto, é essencial compreender a importância dessa dosagem para evitar problemas como sabores e texturas inconsistentes, riscos de intoxicação alimentar, entre outros. O objetivo do estudo foi identificar a dosagem de alimentos em pratos vendidos aos consumidores em áreas de grande tráfego na cidade de Puno, Peru. Foi realizado um estudo descritivo, observacional, prospetivo e transversal. A amostra foi constituída por 44 restaurantes comerciais, dos quais foram recolhidas 132 preparações (44 pequenos-almoços, 44 almoços e 44 jantares), que foram levadas para o laboratório da Escola de Nutrição Humana da Universidade Nacional do Altiplano para pesagem direta e obtenção do peso líquido cozinhado, que foi depois convertido em peso líquido cru através de factores de conversão, a fim de o contrastar com a dosagem recomendada na tabela de dosagem de alimentos para serviços de alimentação colectiva. Como resultado, verificou-se que as dosagens alimentares utilizadas nos 44 pequenos-almoços, 44 almoços e 44 jantares não estavam em conformidade com as recomendações constantes da tabela de dosagens alimentares. Concluiu-se que existiam excessos nos grupos dos cereais e tubérculos, tendo sido detectadas deficiências na dosagem de legumes, carne e peixe, e não foi incluída fruta nas três refeições.

Palavras-chave: Dosagem dos ingredientes, Ementa, Pratos de Puno, Restaurante.

INTRODUÇÃO

Atualmente, é crucial investigar a comida servida nos restaurantes, uma vez que a proliferação de restaurantes em todo o mundo é o resultado de mudanças nos hábitos alimentares ao longo do tempo.(Villegas Villegas 2011). Este tema tem ganho relevância devido à preocupação com a saúde e bem-estar das pessoas, à avaliação da qualidade nutricional dos alimentos e à promoção de práticas sustentáveis na indústria alimentar. Fornece ainda conhecimentos sobre os ingredientes utilizados, a identificação de potenciais alergénios e a prevenção de doenças relacionadas com a alimentação. A dosagem dos alimentos é essencial para garantir uma dieta adequada e equilibrada. Uma dosagem correta garante que as pessoas consomem a quantidade certa de nutrientes, evitando tanto a ingestão insuficiente como a excessiva(Zheng et al. 2023). Contribui para a manutenção da saúde e a prevenção de doenças relacionadas com a alimentação, optimizando a utilização dos recursos alimentares e assegurando um acesso equitativo aos alimentos para toda a população. A dosagem correta tem uma série de benefícios para a saúde e o bem-estar. Permite satisfazer com precisão as necessidades nutricionais, reforçar o sistema imunitário, prevenir doenças, manter um peso saudável e controlar a fome e a saciedade.(Hernánzez Elizondo et al. 2019)..

Conhecer a quantidade de ingredientes doseados nas preparações confeccionadas pelos restaurantes de rua é essencial para garantir a qualidade dos alimentos oferecidos aos consumidores. Isto implica a utilização adequada de cada ingrediente, previne problemas de saúde, assegura o valor nutricional dos alimentos e optimiza os custos de produção, evitando desperdícios e utilizando os ingredientes de forma eficiente.(Singh et al. 2023).

METODOLOGIA

A investigação é descritiva, observacional, prospetiva e transversal. Um total de 132 refeições, incluindo 44 pequenos-almoços, 44 almoços e 44 jantares, foram recolhidas numa amostra de 44 estabelecimentos alimentares. Estes estabelecimentos foram selecionados de um total de 50, utilizando uma equação matemática para o cálculo da dimensão da amostra para uma população finita. Os estabelecimentos selecionados são restaurantes comerciais que oferecem um menu convencional com um preço não superior a 10,00 nuevos soles, têm infra-estruturas e estão localizados em áreas próximas da zona universitária, do centro da cidade e da zona do mercado da cidade de Puno. Foram selecionadas preparações que permitem a separação dos ingredientes e que são habitualmente solicitadas pelos consumidores, excluindo os locais que oferecem preparações como chocolate de leite, api, sumo de quinoa, cañihua, salchipapas, frango grelhado, frango à grelha e similares.

Os 44 restaurantes foram selecionados aleatoriamente por amostragem probabilística utilizando a aplicação online "App Sorteos". Cada preparação foi levada para o laboratório da Escola de Nutrição Humana da Universidad Nacional del Altiplano para pesagem direta, uma técnica que consistiu em separar os ingredientes um a um utilizando utensílios de cozinha como pratos, colheres, garfos, coadores e jarros de medição. O peso líquido cozinhado foi determinado utilizando uma balança dietética digital Soehnle com uma capacidade de 5000 g e uma precisão de 1 g. Este peso foi depois convertido em peso líquido cru utilizando os factores de conversão da tabela correspondente de factores de conversão de peso de alimentos cozinhados para crus. Isto permitiu que a sobredosagem ou subdosagem fosse verificada em relação à tabela de dosagem de alimentos para restauração colectiva.

Os dados obtidos foram processados numa folha de cálculo Excel para calcular a dosagem média de cada ingrediente em cada preparação e hora da refeição. A análise incluiu a determinação de médias, e os resultados foram apresentados em tabelas.

RESULTADOS

Foram detectadas deficiências na dosagem de ingredientes presentes em caldos, sopas e cremes vendidos durante o pequeno-almoço em restaurantes da cidade de Puno, conforme detalhado no quadro 1. Especificamente, foram observadas deficiências de dosagem superiores a 10 g em ingredientes como poro (D a 11 g), repolho (D a 21 g), cebola (D a 23 g), carne bovina (D a 65 g), frango (D a 60 g) e grão-de-bico (D a 24 g). Por outro lado, foi encontrado um excesso de mais de 20 g na dosagem de arroz (E a 124 g), arroz (E a 67 g), morão (E a 60 g), trigo partido (E a 148 g), batata (E a 20 g) e chuchu (E a 22 g).

No que se refere aos guisados e aos segundos vendidos durante o pequeno-almoço, tal como detalhado no quadro 2, foi observada uma dosagem deficiente de mais de 10 g nas ervilhas (D em 11 g), no tomate (D em 34 g), vanita (D em 12 g), carne de vaca (D em 76 g), borrego (D em 95 g), costela de vaca (D em 61 g), frango (D em 58 g), batata (D em 29 g), omelete ou ovo estrelado (D em 25 g) e truta (D em 43 g). Por outro lado, verificou-se um excesso de mais de 20 g na dose de arroz (E em 104 g), batata dourada ou frita (E em 31 g) e banana frita (E em 38 g).

Em relação aos caldos, sopas e cremes servidos na hora do almoço, como mostra a tabela 3, foram observadas deficiências superiores a 10 g na dosagem de espinafre (D a 18 g), pimentão (D a 22 g), couve (D a 20 g), vanita (D a 18 g), carne de vaca (D a 65 g), frango (D a 70 g), mandioca (D a 24 g) e grão-de-bico (D a 24 g), enquanto o arroz (E a 128 g), o macarrão (E a 122 g), a moranga (E a 75 g) e a quinoa (E a 162 g) foram excedidos em mais de 20 g.

Da mesma forma, em relação aos ensopados e segundos servidos pelos restaurantes durante o almoço, como mostra a Tabela 4, foram observadas deficiências de mais de 10 g na dosagem de brócolis (D a 16 g), pimentão (D a 28 g), tomate (D a 35 g), carne de vaca (D a 75 g), carne de porco (D a 80 g), frango (D a 53 g), salsicha (D a 33 g), fígado (D a 23 g), carapau (D a 75 g), omelete ou ovo estrelado (D a 49 g), milho (D a 33 g), queijo (D a 32 g), batata (D a 21 g), batata dourada ou frita (D a 22 g) e azeitona (D a 20 g). Enquanto os que excederam 20 g foram o arroz (E com 84 g), o fideo (E com 129 g), o chuño (E com 11 g), a batata-doce (E com 75 g) e a ocopa (E com 32 g).

Em relação aos caldos, sopas e cremes servidos ao jantar, como mostra a tabela 5, houve deficiências de 10 g na dosagem de espinafre (D com 27 g), pimentão (D com 23 g), couve (D com 15 g), vanita (D com 17 g), milho (D a 24 g), carne de vaca (D a 59 g), frango (D a 41 g) e chuchu (D a 33 g), ao passo que o arroz (E a 117 g), a massa (E a 155 g), a morcela (E a 141 g) e a sêmola (E a 184 g) foram excedidos em 20 g na dosagem. Finalmente, em relação aos ensopados e segundos servidos pelos restaurantes durante o jantar, como mostra a tabela 6, foram observadas deficiências de 10 g ou mais para cebola (D a 13 g), alface (D a 11 g), tomate (D a 33 g), carne bovina (D a 71 g), frango (D a 53 g), bife de atum em lata (D a 110 g), batata (D a 31 g) e frango (D a 53 g), tomate (D a 33 g), carne de vaca (D a 71 g), frango (D a 53 g), bife de atum enlatado (D a 110 g), batata (D a 31 g) e lentilhas (D a 14 g), enquanto os que tinham mais de 20 g eram arroz (E a 68 g) e massa (E a 30 g).

Quadro 1

Dosagem dos ingredientes dos caldos, sopas e cremes servidos nos restaurantes durante o pequeno-almoço

Grupo de alimentos	Ingredientes utilizados	PPNE	PPNR
Legumes	Aipo	9g	16g
	Salsa	9g	15g
	Poro	4g	15g
	Couve	3g	24g
	Cebola	1g	24g
	Cenoura	7g	15g
	Abóbora	9g	21g
Carne	Carne (de vaca)	5g	70g
	Carne (borrego)	84g	70g
	Perna (borrego)	114g	120g
	Perna (carne de bovino)	138g	120g
	Galinha	10g	70g

		PPNE	PPNR
Grãos de cereais	Arroz	144g	20g
	Arroz	87g	20g
	Morón	90g	30g
	Trigo partido	168g	20g
Pulsos e pulsos e seus derivados	Grão-de-bico	1g	25g
Raízes e seus preparados	Batata (cozida)	70g	50g
	Chuño	67g	45g

PPNE: Peso líquido médio encontrado, PPNR: Peso líquido médio recomendado

Quadro 2

Dosagem dos ingredientes das caçarolas e dos pratos principais servidos nos restaurantes ao pequeno-almoço

Grupo de alimentos	Ingredientes utilizados	PPNE	PPNR
Legumes	Ervilhas	4g	15g
	Cebola	41g	45g
	Alface	22g	30g
	Tomate	6g	40g
	Vanita	8g	20g
	Cenoura	12g	20g
Carne	Carne (de vaca)	44g	120g
	Carne (borrego)	25g	120g
	Carne de vaca (costeleta)	59g	120g
	Galinha	62g	
	Salsicha	40g	40g
Grãos de cereais	Arroz	204g	100g
	Macarrão	91g	90g

		PPNE	PPNR
Tubérculos e preparações	Papa	61g	90g
	Chuño	52g	50g
	Batata frita ou dourada	101g	70g
Leite e produtos lácteos	Queijo	42g	50g
Ovos	Ovos ((omelete, fritos)	35g	60g
Peixe	Truta	87g	130g
Frutos	Banana (frita)	68g	30g

PPNE: Peso líquido médio encontrado, PPNR: Peso líquido médio recomendado

Quadro 3

Dosagem dos ingredientes nos caldos, sopas e cremes servidos nos restaurantes à hora do almoço

Grupo de alimentos	Ingredientes utilizados	PPNE	PPNR
Legumes	Aipo	5g	16g
	Cebola	1g	15g
	Espinafres	2g	20g
	Haba	5g	15g
	Nabo	2g	15g
	Paprika	3g	25g
	Poro	1g	15g
	Couve	4g	24g
	Vanita	2g	20g
	Cenoura	9g	15g
	Abóbora	6g	21g
Grãos de cereais	Arroz	148g	20g
	Macarrão	142g	20g
	Morón	105g	30g

	Quinoa	192g	30g
Carne	Carne (de vaca)	5g	70g
	Galinha	21g	70g
Raízes e seus preparados	Batata (cozida)	52g	50g
	Chuño	37g	45g
	Mandioca	6g	30g
Leguminosas	Grão-de-bico	1g	25g

PPNE: Peso líquido médio encontrado, PPNR: Peso líquido médio recomendado

Quadro 4

Dosagem dos ingredientes dos guisados e pratos principais servidos nos restaurantes ao almoço

Grupo de alimentos	Ingredientes utilizados	PPNE	PPNR
Legumes	Ervilhas	3g	15g
	Betarraga	34g	30g
	Brócolos	14g	30g
	Cebola	12g	25g
	Alface	17g	30g
	Paprika	2g	30g
	Tomate	5g	40g
	Vanita	13g	25g
	Cenoura	17g	20g
	Abóbora	100g	95g
Carnes e preparados de carne	Carne (de vaca)	45g	120g
	Carne (porco)	40g	120g
	Galinha	67g	120g
	Salsicha	7g	40g

Grupo	Alimento	PPNE	PPNR
	Fígado	67g	90g
Peixe	Carapau	55g	130g
Ovos	Ovo (omeleta, frito)	11g	60g
	Arroz	184g	100g
	Milho	36g	38g
Cereais, grãos e derivados	Macarrão	219g	90g
	Milho	5g	38g
	Lentilha	84g	60g
Leguminosas e derivados	Pallar	29g	25g
Leite e produtos lácteos	Queijo	18g	50g
	Batata (cozida)	69g	90g
	Batata (dourada, frita)	48g	70g
Raízes e seus preparados	Chuño	61g	50g
	Batata-doce	145g	70g
Molhos e cremes	Ocopa	92g	60g
Frutos e preparações	Azeitona	5g	25g

PPNE: Peso líquido médio encontrado, PPNR: Peso líquido médio recomendado

Quadro 5

Dosagem dos ingredientes dos caldos, sopas e cremes servidos nos restaurantes ao jantar

Grupo de alimentos	Ingredientes utilizados	PPNE	PPNR
Legumes	Aipo	6g	16g
	Espinafres	3g	30g
	Paprika	2g	25g
	Poro	2g	15g
	Couve	9g	24g
	Vanita	3g	20g
	Cenoura	9g	15g
	Abóbora	4g	21g
Cereais, grãos e derivados	Arroz	137g	20g
	Macarrão	175g	20g
	Milho	1g	25g
	Morón	171g	30g
	Sêmola	214g	30g

Carne	Carne (de vaca)	11g	70g
	Galinha	29g	70g
Tubérculos e produtos de tubérculos	Batata (cozida)	40g	50g
	Chuño	12g	45g

PPNE: Peso líquido médio encontrado, PPNR: Peso líquido médio recomendado

Quadro 6

Dosagem dos ingredientes dos guisados e pratos principais servidos nos restaurantes ao jantar

Grupo de alimentos		PPNE	PPNR
Legumes	Ervilhas	8g	15g
	Betarraga	18g	30g
	Cebola	12g	25g
	Alface	19g	30g
	Tomate	7g	40g
	Vanita	10g	15g
	Cenoura	12g	20g
Cereais, grãos e derivados	Arroz	168g	100g
	Macarrão	130g	100g
Carne	Carne (de vaca)	49g	120g
	Galinha	67g	120g
Peixe e subprodutos de peixe	Filete de atum (em conserva)	14g	124g
Raízes tuberosas e derivados	Batata (cozida)	59g	90g

	Batata (dourada, frita)	73g	70g
	Chuño	52g	50g
	Olluco	104g	100g
Leguminosas e seus derivados	Lentilha	46g	60g

PPNE: Peso líquido médio encontrado, PPNR: Peso líquido médio recomendado

DISCUSSÃO

A necessidade de comer fora de casa tornou-se uma atividade quotidiana devido a vários factores, como o acesso aos alimentos, os compromissos académicos, a falta de tempo e as exigências do trabalho atual.(Omoniyi e Cosmas 2024).. Este facto desencadeia uma série de consequências no balanço energético da pessoa. Por isso, o profissional de saúde recomendará sempre que as preparações sejam feitas em casa, uma vez que isso garante que os ingredientes utilizados e as quantidades aproximadas estão corretos (Redondo Del Río et al.(Redondo Del Río et al. 2016) o que permite escolher opções mais saudáveis e evitar aquelas que podem ser prejudiciais para a saúde. O mesmo não acontece quando se come fora de casa, como se pode ver nos resultados apresentados para os 44 restaurantes que servem um menu económico. Nestes restaurantes, as doses são maiores do que o necessário, o que leva a um consumo excessivo de calorias e a um aumento de peso. Uma vez que muitos dos ingredientes dos pratos foram sobredosados e subdosados, registaram-se sobredoses de produtos ricos em amido, que fornecem macronutrientes como os hidratos de carbono que estão associados ao aumento de peso (Rummo et al. 2023).(Rummo et al. 2023). Isto deve-se ao facto de serem grandes cadeias de glicose que são mais facilmente assimiladas pelo organismo(Baig et al. 2023). Além disso, devido aos seus efeitos excitatórios no sistema nervoso, podem atingir um nível de dependência, o que leva a comer em excesso sem fechar o ciclo (Zainal Arifen et al. 2023).(Zainal Arifen et al. 2024).. Por outro lado, foi observado um défice notável na dosagem de alimentos à base de carne, tanto carne branca como vermelha, algumas miudezas, ovos e produtos lácteos como o queijo. Estes alimentos fornecem principalmente proteínas de elevado valor biológico, que desempenham muitas funções na célula, na membrana e fora da célula(Chang et al. 2023)e são essenciais para a vida no corpo**(Guillamón Escudero et al. 2021)**.. Por conseguinte, a inclusão de proteínas na dieta é extremamente importante, tanto mais que a população consome atualmente, em média, 0,5 g/kg de peso corporal (OMS n.d.).**(OMS n. d.)**o que constitui uma mega deficiência, uma vez que a ingestão mínima recomendada é de 0,8g/kg de peso corporal (Chang et al. 2023).**(Chang et al. 2023)**. Outro grupo de alimentos que são deficientes nas dosagens das preparações mais comuns do restaurante de Puno são os vegetais sem amido, como as verduras, incluindo brócolos, couve, espinafres, frutas como o tomate, e outros vegetais como a cebola e o alho francês. Estes alimentos, ao fornecerem principalmente vitaminas, minerais e fibras alimentares, estão envolvidos em diferentes processos que mantêm o equilíbrio metabólico de uma pessoa.**(Chen et al. 2022)**. Sabe-se que a necessidade diária de vegetais deve ser de 400g, o que fornecerá os 30g de fibra necessários diariamente.**(Meza-Ortiz, Martinez-Vazquez, e Yamamoto-Furusho 2022)**.e esta deve ser fornecida pelos alimentos ingeridos na dieta para manter o cólon em boas condições, para a regulação digestiva e para a manutenção saudável da microbiota**(Sánchez Almaraz et al. 2015)**..

Assim, hoje em dia, os restaurantes económicos são muito populares devido à procura de comida rápida e à procura constante de gratificação instantânea. No entanto, por detrás dos seus preços acessíveis e da variedade de pratos que oferecem, surge um problema preocupante: porções excessivas de arroz, batata e massa.**(Miramontes-Escobar et al. 2020)**.. Estas porções colossais não só implicam desperdício alimentar, como também podem afetar negativamente a saúde e o bem-estar dos comensais. O consumo excessivo de hidratos de carbono simples, presentes em grandes quantidades de arroz, batatas e massas, pode aumentar os níveis de açúcar no sangue a longo prazo, o que pode levar à resistência à insulina e à diabetes tipo 2**(Ashcheulova et al. 2018)**.. Além disso, estas porções desordenadas carecem frequentemente de quantidades adequadas de proteínas e vegetais, resultando numa dieta desequilibrada e deficiente em nutrientes essenciais para o funcionamento ótimo do corpo. A falta de proteínas afecta o desenvolvimento muscular(Chang et al. 2023)enquanto a falta de vegetais priva o corpo de vitaminas, minerais e fibras, elementos cruciais para a saúde digestiva, imunitária e cardiovascular (James e Wang 2019).(James e Wang 2019). As consequências deste problema não se limitam apenas à saúde individual, uma vez que as porções excessivas também geram desperdício alimentar, o que tem um impacto negativo no ambiente(Carretero García 2018)..

CONCLUSÃO

A dosagem de alimentos nos pequenos-almoços, almoços e jantares oferecidos aos consumidores nas zonas mais movimentadas da cidade de Puno não está em conformidade com as recomendações da tabela de dosagem de alimentos proposta pelo Centro Nacional Peruano de Alimentação, Nutrição e Vida Saudável. Este facto é evidenciado pelos excessos no grupo dos cereais e tubérculos, pelas deficiências na presença de legumes, carne e peixe, e pela ausência de fruta nas três refeições. Por conseguinte, a frequência frequente destes estabelecimentos que oferecem pratos ricos em calorias, gorduras saturadas, sódio e açúcares e pobres em fibras e nutrientes essenciais nas diferentes refeições teria um impacto na saúde da população de Puno, aumentando o risco de obesidade, doenças cardíacas, diabetes de tipo 2 e outras doenças crónicas.

REFERÊNCIAS

Ashcheulova, Tatiana, Ganna Demydenko, Tatiana Ambrosova, Kysylenko Kateryna, Nina Gerasimchuk, Oksana Kochubiei, Tatiana Ashcheulova, Ganna Demydenko, Tatiana Ambrosova, Kysylenko Kateryna, Nina Gerasimchuk e Oksana Kochubiei. 2018. "Distúrbios de Carboidratos e Lipídios e Níveis de Adipocinas em Relação ao Índice de Massa Corporal em Pacientes Hipertensos". *Revista Mexicana de Cardiología* 29(2):74-82.

Baig, J. A., I. G. Chandio, T. G. Kazi, H. I. Afridi, K. Akhtar, M. Junaid, S. Naher, S. A. Solangi, e N. A. Malghani. 2023. "Avaliação de risco de macronutrientes e minerais por alimentos paquistaneses tradicionais processados, de rua e de restaurante: um estudo de caso". *Biological Trace Element Research* 201(7):3553-66. doi: 10.1007/s12011-022-03429-7.

Carretero García, Ana. 2018. "Impactos sociais, econômicos e ambientais decorrentes da perda e desperdício de alimentos". *Przegląd Prawa Rolnego* (2(23)):127-39. doi: 10.14746/ppr.2018.23.2.9.

Chang, Liyang, Rongrong Tian, Zili Guo, Luchen He, Yanjuan Li, Yao Xu e Hongmei Zhang. 2023. "Dieta de baixa proteína suplementada com inulina reduz os níveis de toxina ligada à proteína em pacientes com doença renal crônica em estágio 3b-5: um estudo controlado randomizado". *Hospital Nutrition* 40(4):819-28. doi: 10.20960/nh.04643.

Chen, Man-Shuang, Don-Ying Wang, Hui-Yu Gong, Hui-Min Zhang, Jie Gao e Song-Ping Luo. 2022. "A associação entre fibra dietética e infertilidade entre mulheres americanas: a pesquisa nacional de exames de saúde e nutrição, 2013-2018." *Nutrição Hospitalar* 39 (6): 1333-40. doi: 10.20960 / nh.04056.

Guillamón Escudero, Carlos, José Miguel Soriano Del Castillo, Ángela Diago Galmés, José M. Tenías Burillo e Julio Fernández Garrido. 2021. "Ingestão de proteínas em mulheres pós-menopáusicas residentes na comunidade e sua relação com a sarcopenia". *Nutricion Hospitalaria* 38(6):1209-16. doi: 10.20960/nh.03690.

Hernánzez Elizondo, Jessenia, Andrea Solera Herrera, Elizabeth Carpio Rivera, Alejandro Salicetti Fonseca e David Hortigüela Alcalá. 2019. "Avaliação nutricional e exposição a fitoestrógenos em uma dieta de estudantes da Universidade da Costa Rica". *Nutricion Hospitalaria* 36(3):647-57. doi: 10.20960/nh.02109.

James, Armachius, e Yousheng Wang. 2019. "Caracterização, benefícios para a saúde e aplicações de probióticos de frutas e vegetais". *CyTA - Journal of Food* 17 (1): 770-80. doi: 10.1080 / 19476337.2019.1652693.

Meza-Ortiz, Cinthya J., Sophia E. Martínez-Vázquez, e Jesús K. Yamamoto-Furusho. 2022. "Associação do consumo de fibra dietética com a atividade da doença na colite ulcerativa: um estudo exploratório na população mexicana." *Gaceta Medica De Mexico* 158(1):41-47. doi: 10.24875/GMM.M22000639.

Miramontes-Escobar, Herenia Adilene, Gladys América Prado-Guzmán, María de Jesús Toledo-Palomera, Jesús Enrique Báez-García, Sonia Guadalupe Sáyago-Ayerdi, Herenia Adilene Miramontes-Escobar, Gladys América Prado-Guzmán, María de Jesús Toledo-Palomera, Jesús Enrique Báez-García e Sonia Guadalupe Sáyago-Ayerdi. 2020. "Perfil nutricional de acordo com os níveis socioeconómicos e menus fornecidos numa cozinha de sopa no México". *Universidade e Saúde* 22(3):203-12. doi: 10.22267/rus.202203.192.

Omoniyi, Saheed Adewale e Altine Cosmas. 2024. "Prática de cozinha e avaliação da segurança da raiz de mandioca cozida vendida nas ruas de Gashua, estado de Yobe, Nigéria". *Food Chemistry Advances* 4:100562. doi: 10.1016/j.focha.2023.100562.

OMS. n. d. "Alimentação saudável". Recuperado em 26 de abril de 2024 (https://www.who.int/es/news-room/fact-sheets/detail/healthy-diet).

Redondo Del Río, María Paz, Beatriz De Mateo Silleras, Laura Carreño Enciso, José Manuel Marugán de Miguelsanz, Marina Fernández McPhee e María Alicia Camina Martín. 2016. "Ingestão alimentar e adesão à dieta mediterrânica num grupo de estudantes universitários em função da prática desportiva." *Nutricion Hospitalaria* 33(5):583. doi: 10.20960/nh.583.

Rummo, P. E., T. Mijanovich, E. Wu, L. Heng, E. Hafeez, M. A. Bragg, S. A. Jones, B. C. Weitzman e B. Elbel. 2023. "Rotulagem de menu e calorias compradas em restaurantes em uma cadeia nacional de fast food dos EUA". *JAMA Network Open* 6(12):E2346851. doi: 10.1001/jamanetworkopen.2023.46851.

Sánchez Almaraz, Rosalía, María Martín Fuentes, Samara Palma Milla, Bricia López Plaza, Laura M. Bermejo López e Carmen Gómez Candela. 2015. "Indicações de diferentes tipos de fibras em diferentes patologias". *Nutrición Hospitalaria* 31(6):2372-83. doi: 10.3305/nh.2015.31.6.9023.

Singh, S., Soni, P. Lohani, A. Priya, A. Ranjan e N. Nimavat. 2023. "Efeito da intervenção educacional sobre o conhecimento e a atitude sobre o papel das vitaminas, minerais e nutracêuticos no COVID-19 e outros distúrbios entre graduandos de medicina e enfermagem de um hospital universitário de cuidados terciários". *Nutrição Clínica ESPEN* 56: 142-48. doi: 10.1016 / j.clnesp.2023.05.004.

Villegas Villegas, Ricardo Yazmani. 2011. "Melhoria do processo de dosagem manual na produção de ração balanceada na fábrica da Balanfarina".

Zainal Arifen, Zainorain Natasha, Suzana Shahar, Kathy Trieu, Hazreen Abdul Majid, Mohd Fairulnizal Md Noh e Hasnah Haron. 2024. "Teores individuais e totais de açúcar nos alimentos de rua na Malásia - Devemos preocupar-nos?" *Food Chemistry* 450:139288. doi: 10.1016/j.foodchem.2024.139288.

Zheng, Hong, Xinbin Chen, Xiaoling Bu, Xia Qiu, Demeng Zhang, Yitong Zhou, Junlong Lin, Jinghong Li, Wenjun Ma e Ying Zheng. 2023. "Assessment of Dietary Nutrient Intake and Its Relationship to the Nutritional Status of Patients with Crohn's Disease in Guangdong Province of China" [Avaliação da ingestão de nutrientes na dieta e sua relação com o estado nutricional de pacientes com doença de Crohn na província de Guangdong, China]. *Hospital Nutrition* 40(2):241-49. doi: 10.20960/nh.04395.

Buy your books fast and straightforward online - at one of world's fastest growing online book stores! Environmentally sound due to Print-on-Demand technologies.

Buy your books online at
www.morebooks.shop

Compre os seus livros mais rápido e diretamente na internet, em uma das livrarias on-line com o maior crescimento no mundo! Produção que protege o meio ambiente através das tecnologias de impressão sob demanda.

Compre os seus livros on-line em
www.morebooks.shop

Printed by Books on Demand GmbH, Norderstedt / Germany